Norma Sánchez-Santillán
Rubén Sánchez-Trejo
René Garduño

El clima

AF167089

Norma Sánchez-Santillán
Rubén Sánchez-Trejo
René Garduño

El clima

Elemento fundamental en la medicina hipocrática

Editorial Académica Española

Impressum / Aviso legal

Bibliografische Information der Deutschen Nationalbibliothek: Die Deutsche Nationalbibliothek verzeichnet diese Publikation in der Deutschen Nationalbibliografie; detaillierte bibliografische Daten sind im Internet über http://dnb.d-nb.de abrufbar. Alle in diesem Buch genannten Marken und Produktnamen unterliegen warenzeichen-, marken- oder patentrechtlichem Schutz bzw. sind Warenzeichen oder eingetragene Warenzeichen der jeweiligen Inhaber. Die Wiedergabe von Marken, Produktnamen, Gebrauchsnamen, Handelsnamen, Warenbezeichnungen u.s.w. in diesem Werk berechtigt auch ohne besondere Kennzeichnung nicht zu der Annahme, dass solche Namen im Sinne der Warenzeichen- und Markenschutzgesetzgebung als frei zu betrachten wären und daher von jedermann benutzt werden dürften.

Información bibliográfica de la Deutsche Nationalbibliothek: La Deutsche Nationalbibliothek clasifica esta publicación en la Deutsche Nationalbibliografie; los datos bibliográficos detallados están disponibles en internet en http://dnb.d-nb.de. Todos los nombres de marcas y nombres de productos mencionados en este libro están sujetos a la protección de marca comercial, marca registrada o patentes y son marcas comerciales o marcas comerciales registradas de sus respectivos propietarios. La reproducción en esta obra de nombres de marcas, nombres de productos, nombres comunes, nombres comerciales, descripciones de productos, etc., incluso sin una indicación particular, de ninguna manera debe interpretarse como que estos nombres pueden ser considerados sin limitaciones en materia de marcas y legislación de protección de marcas y, por lo tanto, ser utilizados por cualquier persona.

Coverbild / Imagen de portada: www.ingimage.com

Verlag / Editorial:
Editorial Académica Española
ist ein Imprint der / es una marca de
OmniScriptum GmbH & Co. KG
Heinrich-Böcking-Str. 6-8, 66121 Saarbrücken, Deutschland / Alemania
Email / Correo Electrónico: info@eae-publishing.com

Herstellung: siehe letzte Seite /
Publicado en: consulte la última página
ISBN: 978-3-659-05580-5

ÍNDICE

DIRECTORIO DE AUTORES

Dra. Norma Sánchez-Santillán

Departamento El Hombre y su Ambiente.

Universidad Autónoma Metropolitana, Unidad Xochimilco.

M. en C. Rubén Sánchez-Trejo

Departamento El Hombre y su Ambiente.

Universidad Autónoma Metropolitana, Unidad Xochimilco.

M. en C. René Garduño

Centro de Ciencias de la Atmósfera.

Universidad Nacional Autónoma de México.

I. EL LEGADO DE HIPÓCRATES

Hipócrates de Cos nació en el año 460 a.c. probablemente en la Isla de Cos, en el Mar

Egeo de donde toma el apellido y muere en el año 370 a.c., sin embargo, hay quien

señala que fue en el año 332 a.c. lo que lleva a modificar su fecha de nacimiento, pues

en el primer caso habría vivido 90 años y en el segundo 128; de cualquier manera una

vida insólitamente longeva para la época (Fig. 1). Provino de una familia de médicos-

magos que se decían descendientes de Asclepio (Esculapio), dios de la medicina

(Viveros, 2007).

Figura 1.- Hipócrates de Cos, por J.G de Lint (1867-1936).

Si bien ejerció la medicina en la citada isla fundando la Escuela de Cos, también realizó numerosos viajes por todo el archipiélago griego difundiendo sus conocimientos en diversas escuelas de filosofía durante el llamado siglo de Pericles.

Hipócrates consideró ampliamente la farmacopea de los textos egipcios, cuyo fundamento se basaba en el uso de aceites de origen mineral, vegetal y animal, además de otros efluvios de origen animal (Calvo, 2003). Un aspecto interesante en el ejercicio de la medicina de esa época es, sin lugar a dudas, el papel que se le otorgaba al médico de acuerdo a su preparación y experiencia cuyo precepto ético fundamental era *...la ignorancia del médico*; lo que daba lugar a que los médicos escuchasen detalladamente los comentarios de sus pacientes respecto a sensaciones y emociones que éstos sentían; algo que los galenos actuales no comparten, al menos durante el ejercicio diario frente al paciente, al no considerar ni la opinión de este último, ni el entorno en el cual se desarrolla su padecimiento; incluyendo en ese entorno tanto las circunstancias ambientales (condiciones del clima a lo largo del año y a través de los años, así como de la calidad del agua y del aire, entre otros), además de observar la situación de vida del enfermo respecto a su alimentación, hábitos, actividades y emociones; mientras que actualmente se limitan a recetar un fármaco, que en múltiples casos constituye un paliativo temporal que momentáneamente cura, pero luego la enfermedad original o incluso alguna otra puede emerger.

El periodo más intenso de Hipócrates como médico coincidió con el denominado siglo de oro de Pericles, época en la que políticos, historiadores, artistas, escritores, poetas y filósofos, conformaron el florecimiento supremo interior de Grecia, con un marcado fomento a la ciencia, las humanidades y el arte, donde destacaron Tucídides, Fidias, Sófocles y Esquilo. Dentro de la filosofía se estudiaba al clima como un elemento del ambiente, involucrado en la comprensión de las enfermedades y de su efecto en cada enfermo. Asimismo, la política brindó asistencia pública a los inválidos, huérfanos e indigentes (Eiroa, 1996). Actualmente si bien los países cuentan con políticas públicas de salud y alimentación, los grupos más vulnerables, otrora protegidos por los griegos, se encuentran prácticamente desprotegidos en países como México, por la discontinuidad de los programas sociales y de salud pública y la imperante corrupción gubernamental.

El legado humanitario de Hipócrates, reflejado en la ética de sus principios y dentro de su colección de trabajos, ha influenciado de manera importante en occidente, algunos médicos, desafortunadamente los menos, buscan la cura a través de una visión integral entre el paciente, el entorno y su curación. Por las aportaciones de Hipócrates a la medicina, el médico griego Galeno de Pérgamo lo consideró el verdadero fundador de la *Teoría de los Elementos*, cuyos principios ponderaban la moderación de la dieta, la eficacia de la higiene tanto del enfermo como del médico, el reposo y el ejercicio físico y mental. No hay que perder de vista que los orígenes de toda esta ética médica se remontan a los legados de médicos de la India y Egipto y, en Occidente, de los consejos de Asclepio y sus hijos (Viveros, 2007).

Se dice que Hipócrates fue un maestro deontológico, que introdujo la ética en el ejercicio de la medicina en las relaciones médico-enfermo-entorno, basadas en el deber y la moral (Laín, 1970). Asimismo reunió, sistematizó y analizó los conocimientos médicos de entonces, aplicando los progresos de la filosofía griega contemporánea. Bajo esta concepción, logró soluciones a interrogantes médicas respecto al origen, causa, naturaleza, tratamiento y prevención de diversos padecimientos, brindando una interpretación innovadora para la época.

Las aportaciones de Hipócrates promovieron la transición de la medicina fundada en la magia y la religión, a un modelo racional y científico. En cuanto a sus métodos de diagnosis, prognosis y tratamiento, su impacto ha sido enorme y durante más de dos milenios prácticamente no se volvió a introducir ninguna innovación sustancial. Sus historiales clínicos son de una admirable síntesis y algunas de sus descripciones y comentarios mantienen su validez hasta nuestros días.

II. LA CONTROVERSIA DE LA MEDICINA ACTUAL

Es evidente el retroceso de la medicina actual al convertirse en una medicina aparentemente curativa, en lugar de preventiva, pese a los avances en los conocimientos esenciales para comprender y tratar las enfermedades, sin considerar el entorno del paciente. Un ejemplo del retroceso es la epidemia de cólera en la Cd. de México ocurrida en 1850, la cual diezmó la población y puso de manifiesto el endeble andamiaje social, dentro del cual están las estructuras de gobierno, salud, educación y la economía antagónica de sus habitantes. Sin embargo y pese a lo recurrente de la enfermedad, incluso hoy, en pleno siglo XXI, los brotes de enfermedades gastrointestinales en verano y respiratorias en invierno, siguen ocurriendo, pues las condiciones aún son propicias para este tipo de enfermedades, claramente de origen meteotrópico; es decir donde los vectores resultan ser la precipitación y la temperatura, respectivamente (Sánchez, 1996).

Otro ejemplo actual de la ausencia del enfoque integral propuesto por Hipócrates se observa en la propagación de una de las enfermedades meteotrópicas por excelencia: el dengue; ampliamente distribuida en México y Centroamérica año con año, durante la temporada de lluvias, padecimiento que se distribuye por prácticamente todas las costas y desde hace un par de años se está ampliando geográficamente hacia el interior como la Cd. de Guadalajara y el Valle de Puebla. La ampliación geográfica del padecimiento, ahora presente en poblados no costeros, obedece al marcado cambio en

8

el uso del suelo por la actividad humana, ya que se hace presente el fenómeno denominado isla de calor (Jáuregui, 1995), proceso en el que el incremento dentro de la urbe es evidente, las altas temperaturas aunadas al desecamiento de prácticamente todas las corrientes fluviales por la creación de presas, las cuales son aguas estancadas, se convierten en receptáculos idóneos para la reproducción del mosquito transmisor del dengue. Asimismo al desaparecer los cauces fluviales, la erosión y pérdida del suelo aumentan, además de la tala inmoderada para el desarrollo agrícola y ganadero; lo anterior de ninguna manera implica cambios en los patrones de la circulación climática, patrones que determinan los periodos de lluvia, entre otros; lo que se registra es un incremento en la variabilidad climática que de ninguna manera es sinónimo de un cambio climático.

El fenómeno de la reducción de humedad relativa ocasiona aumento en la sequedad ambiental por la reducción de los caudales, así como el efecto invernadero registrado localmente en zonas rurales y el de isla de calor de las ciudades, dicho fenómeno se exacerba por la amplia distribución de concreto y asfalto, elementos que en conjunto, elevan localmente la temperatura (Jáuregui, 1995); además, las partículas contaminantes favorecen chubascos torrenciales que lejos de recargar los mantos freáticos, inundan temporalmente las calles por la falta de áreas verdes y pavimentos permeables que permitan su infiltración; por el contrario, los pocos árboles urbanos se encuentran entrampados dentro de banquetas; asimismo, las piletas y tambos y todos las cacharros presentes como llantas, botes, cubetas y piletas, facilitan la formación de charcos en los cuales se desarrollan las larvas del mosquito *Aedes albopictus*, transmisor del virus del dengue.

Si además los requerimientos de agua potable, dado el crecimiento urbano y la falta de obra social superan al abastecimiento por las redes hidráulicas, se obliga a los usuarios a colectar agua para satisfacer sus necesidades básicas, aumentando el hábitat del mosquito transmisor. Por otro lado, las campañas de eliminación de este insecto, que sugieren la eliminación de recipientes resultan contradictorias para la población más pobre, precisamente la que más carece de servicios básicos, que habita en los denominados cinturones de pobreza, razón por la cual los habitantes requiere almacenar el vital líquido, aunado a una alimentación deficiente, mala calidad de vida y la insalubridad en la que viven, los hace vulnerables al dengue y otras enfermedades en las que el vector se transmite bajo el mismo esquema. Al ocupar la población mexicana los primeros lugares en deficiencia alimentaria a nivel mundial; la desnutrición por un lado, y la obesidad infantil, por otro, siguen siendo un problema a solucionar en el país. Lo cual se agrava dado que el fuerte desbalance nutricional, el cual tiene sus mayores efectos en los niños menores de 5 años, afectando no solo su salud, sino también el desarrollo de sus capacidades (Martorell *et al.*, 2010). Para el 2012 la desnutrición de niños indígenas mexicanos menores de 5 años es del 33.1 % y del 11.7 % en niños no indígenas (Rivera *et al.*, 2012). De manera que mientras no se resuelvan integralmente los problemas económicos, biológicos, ecológicos, sanitarios, educativos y nutricionales, la población está desprotegida, aun y cuando cuenten con los servicios médicos de ley, lo que sin duda nos distancia severamente de los preceptos hipocráticos.

III. Tendencias Divergentes

Durante el periodo denominado el siglo de Pericles existían dos posturas divergentes del conocimiento, por un lado la espiritualidad sacerdotal de los asclepios y por el otro, la visión racional y científica de Hipócrates y sus seguidores. La segunda se basa en una colección de escritos denominada *Corpus Hippocraticum* autoría de Hipócrates; al desarrollo de dicha colección se incorporaron Galeno y otros griegos de los siglos V y VI a.C. Entre los documentos mejor estudiados de dicha colección destacan los aforismos (*Aphorismoi*) y el Juramento (*Hórkos*). Dentro de los primeros se señala: ...*Los cambios de estación y, dentro de ellos, las variaciones de frío, calor y humedad son causas principales de enfermedad. La salud excesiva es peligrosa y ello por dos razones: la imposibilidad de mantenerse siempre en el mismo punto y por la imposibilidad de mejorar. De ahí que únicamente pueda deteriorarse. Pero al mismo tiempo, tampoco deberá llevarse esto al otro extremo, lo que sería igualmente peligroso, lo mejor es el equilibrio intermedio* (Quevedo, 2004).

En el Juramento hipocrático -texto de tan sólo una página- se plasma el ideal ético de la Medicina (Fig. 2), que ha influido hasta nuestros días en la deontología de occidente y pone de manifiesto el respeto por la vida humana, la dignidad del hombre y valores como la gratitud, la comprensión, la justicia, la honestidad, la humildad, la santidad, la integridad y la confidencialidad (Viveros, 2007).

12

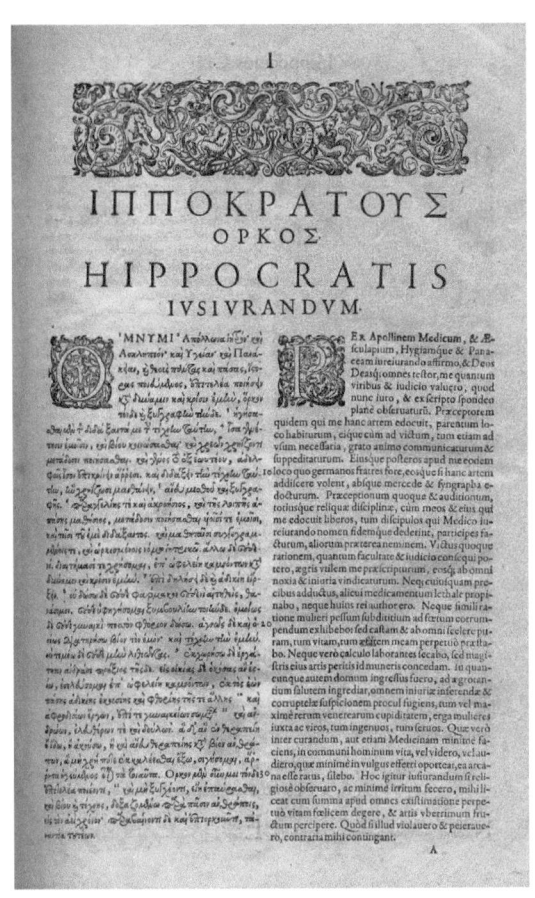

Figura 2.- Juramento Hipocrático.

Retomando el caso del dengue y su estrecha relación con la temporada de lluvias en las áreas tropicales de México y gracias a los avances en meteorología y climatología, es factible determinar la intensidad de la precipitación en un año por venir, gracias a la estimación de los periodos de retorno, mediante esta herramienta se puede saber si la lluvia estará sobre o debajo de lo normal, dentro de una escala geográfica local, es

13

decir en cada lugar, ya que antes de la temporada se pueden detectar los años climáticamente anómalos y su relación con la precipitación. Esta anomalía en la precipitación deriva, en buena medida, de la presencia o ausencia de oscilaciones planetarias como El Niño o su contraparte La Niña. Durante El Niño los patrones de lluvia se invierten, de manera que en regiones regularmente secas, habrá lluvias y por el contrario en áreas geográficas húmedas se observarán patrones de sequía (Sánchez-Santillán, 1999). Estas regularidades recurrentes se podrían incorporar a los programas de erradicación del mosquito transmisor y con ello disminuir la propagación de la enfermedad.

Otro asunto delicado al que tarde o temprano habrá que hacerle frente, es el de las presas, grandes receptáculos de aguas que al estar estancadas, desarrollan un proceso de eutrofización, en el que la pérdida de oxígeno (por su alto consumo en la degradación de la materia muerta sumergida), conlleva a la eventual muerte de los organismos que habitan en ellas, hasta volver dichos embalses totalmente anóxicos (carentes de oxígeno), de manera que la vida media biológica de dichos cuerpos de agua es, en el mejor de los casos de 50 años. Las políticas públicas de México, lejos de plantear la reducción de estos embalses, o más aún eliminarlos como en muchos países de Europa, Canadá y Estados Unidos, buscan incrementar su construcción. Estas obras hidráulicas lejos de ayudar, en una escala corta de años, se convierten en un sinfín de problemas adicionales de carácter ecológico, económico y de salud, entre otros (Sánchez-Santillán y de la Lanza-Espino, 2012).

14

Respecto al juramento hipocrático, concebido y aplicado bajo un entorno ecológico, económico y social, resultaría importante aplicarlo en países como México, donde la medicina social dista de resolver los problemas de salud de una población pobre, creciente, mal alimentada y poco educada.

IV. HIPÓCRATES: UN PARADIGMA MÉDICO

A Hipócrates se le coloca a menudo como paradigma de los médicos de la antigüedad y se pondera su contribución a la medicina clínica, reuniendo el conocimiento de escuelas anteriores, desarrollando prácticas de gran importancia se origina la medicina moderna; por lo que se considera el padre de ella (Hipócrates, 2000; Balbis, 2012). La etapa hipocrática de la medicina se inicia 500 a.C., y sus tesis fundamentales se pueden resumir de la siguiente manera:

- Búsqueda de las causas materiales de la enfermedad y su relación con el ambiente.

- Necesidad de observar el curso de la enfermedad.

- La enfermedad es una manifestación de la vida del organismo, como resultado del cambio del sustrato material y no una manifestación de la voluntad divina.

- Valoración de las causas naturales de las enfermedades y el medio que rodea al hombre como la temperatura y humedad del ambiente, el tipo de suelo y la calidad del agua.

- Valoración de causas individuales como la dieta, el estilo de vida y la edad, entre otros.

- A partir de la concepción dialéctica predominante en esta etapa del mundo griego, Hipócrates consideraba a la enfermedad como un proceso general de todo el organismo y tendía a comprender el organismo desde una perspectiva unitaria e integral.

- Según la concepción humoral adoptada por Hipócrates, la vida del individuo está determinada por cuatro humores o efluvios que son sangre, moco (flema), bilis amarilla y bilis negra.

- El temperamento de cada persona se corresponde con el predominio de un humor.

- Hay que partir de la observación y experiencia del médico para la auscultación del tórax a partir de los sonidos.

- En general la escuela médica de Cos daba prioridad al pronóstico e individualizaba el tratamiento.

- Al reconocer la causa natural de la enfermedad hay que considerar que su cura radica en las cualidades naturales del organismo. El médico debe tomar en cuenta las peculiaridades del organismo para ayudar a las fuerzas de la naturaleza; es decir que ...*la naturaleza es el médico de las enfermedades*.

- Utilizaba en el tratamiento el método *de -lo contrario con lo contrario-; ...lo demasiado repleto hay que descargarlo y en contraste: el descanso cura del trabajo y viceversa, el trabajo del descanso. En una palabra lo contrario es el medicamento de su opuesto. Ya que la medicina es la suma y la resta; la sustracción de todo lo que está demás y la adición de todo lo que falta.*

- Hipócrates planteaba: ...*me parece que lo mejor que puede hacer el médico es cuidar la capacidad de prever.*

Las bases de Hipócrates para el ejercicio de la medicina plantean la necesidad de comprender el problema dentro de un entorno previamente analizado, para encontrar la unidad de lo uniforme, la filosofía de la naturaleza y particularmente la atomística de Demócrito y la doctrina de Empédocles, basada en los cuatro elementos fundamentales del mundo; sin perder de vista la perspectiva ética de la conducta humana, filosofía que en México y otros países ha perdido su esencia quedando reducida a un puñado de palabras huecas.

V. EL ENTORNO HIPOCRÁTICO EN LA SALUD HUMANA

La influencia del ambiente sobre los seres vivos en general y la salud humana en particular involucra diversas características del clima, suelo y agua, que son importantes de considerar según Hipócrates (García, 2005), reflexiona como aspectos básicos y fundamentales para el médico conocer:

- Los efectos de las estaciones sobre el hombre y en especial los cambios estacionales y climáticos.

- El efecto de los vientos locales (fríos y cálidos), como los propios de cada región.

- Las características y propiedades de las aguas de la zona donde habitan sus pacientes.

- La posición y orientación de las ciudades respecto al viento y a la salida del sol.

- Las características orográficas y geográficas del lugar.

- El modo de vida de sus habitantes y sus costumbres.

Es decir que el médico debe tener una idea respecto al clima local, así como de los límites en las variables ambientales, en particular de la temperatura, la lluvia y el viento. Desafortunadamente la falta de trabajo inter y transdisciplinario, o incluso la falta de conocimientos del clima por parte de los profesionales en disciplinas como la Biología, Geología, Hidrología, Ecología, Fisiología y Medicina, ocasiona actualmente que los científicos, se vean limitados en la explicación de los procesos que los involucran, argumentando fútilmente y sin fundamentos, que el ambiente es posiblemente el causante de tal o cual proceso, del cual por supuesto desconocen.

El término ambiente es actualmente una expresión ambigua, susceptible de interpretaciones por el lector e incluso el investigador; entre estos los que practican disciplinas como medicina, veterinaria, biología, meteorología y climatología, para la comprensión de enfermedades epidémicas detonadas por un factor ambiental, afecciones agrupadas en el término meteotrópico; a diferencia de los tiempos hipocráticos, donde el científico iba más allá de su propio quehacer para involucrarse, a nivel filosófico, en más de una disciplina del conocimiento, que lo hacía más completo y con mejores herramientas para observar, analizar y comprender un problema y en consecuencia para hallar una solución.

Los seres humanos aún y cuando vivan en complejos asentamientos urbanos, quieran o no, están vinculados con su entorno o ambiente natural. De manera que mientras mayormente esté modificado éste, la posibilidad de que su salud se vea comprometida igualmente se incrementa, incluso exponencialmente. Estas alteraciones pocas veces se toman en cuenta en los diagnósticos clínicos y fundamentalmente en los de carácter epidemiológico, cuyo detonador es algún elemento climático (temperatura, viento y humedad), que conforma las condiciones favorables para el desarrollo de las poblaciones de patógenos y la detonación de las enfermedades meteotrópicas. Otros elementos que contribuyen de manera importante al desarrollo de las enfermedades, sobre todo las de carácter epidémico, son el hacinamiento y la promiscuidad, que desencadenan el contagio entre los habitantes por la cercanía del contacto físico. Bajo este concepto los médicos hipocráticos pensaban que existía una inevitable relación entre los ...*seres engendrados en su entorno y, en consecuencia, la posibilidad de infectar a los pacientes*. Lo cual es frecuente de referir, dado el modelo actual de multifamiliares, centros comerciales, grandes escuelas y hospitales, entre otros, brindan condiciones propicias para la propagación de las enfermedades por contagio.

En el caso de los procesos descritos en el libro I sobre *Epidemias* dentro del *Corpus Hippocraticum*, el pensamiento del médico partía de la convicción de que ...*la naturaleza es suficiente en todo y para todo*; y de acuerdo a dicho precepto, el médico no podía ir más allá de la propia capacidad sanadora de la naturaleza, por lo que él sólo podía facilitar y propiciar la acción natural (Viveros, 2007).

Los hipocráticos consideraron dos aspectos de la naturaleza, el de carácter universal o macrocósmico y el de índole individual o microcósmica. El primero se ocupaba de los

21

fenómenos y fuerzas que componen el universo y el segundo de la naturaleza humana, es decir, el microcosmos de cada individuo, refiriéndose a su fisiología (Delgado, 2008). Hay entonces una unidad cósmica y debe haber un equilibrio adecuado entre el microcosmos y el macrocosmos para que se alcance la salud, esencia del pensamiento hipocrático. El problema, señala Delgado (2008), que se observa en la Cd. de México, por ejemplo, la forma y orientación de las casas, los servicios e instalaciones urbanas, eran desconocidos para los españoles que llegaron a Tenochtitlán, quienes construyeron ciudades y edificios sin considerar las características de los elementos del entorno. Los habitantes actuales de la ciudad siguen padeciendo desequilibrios, que detonan enfermedades meteotrópicas y hasta epidemiológicas, entre otras derivadas del hacinamiento, la contaminación ambiental, al desbalance nutricional, el estrés y las derivadas de la falta de planeación urbana; como los largos y agobiantes traslados hacia el trabajo y la escuela entre otras actividades cotidianas, trayectos en los que la contaminación del aire, del ruido y la amplia variabilidad térmica, acaban por desencadenar un índice de confort prácticamente negativo, índice empleado para analizar la calidad de respuesta biológica y que es prácticamente desconocido por médicos, urbanistas y desde luego tomadores de decisiones.

VI. Vigencia de los Preceptos Hipocráticos

Hipócrates recurría a la terapéutica de los *opuestos*; de esta manera, si la enfermedad fuera provocada por el frío se aplicaba calor y viceversa; también por el exceso o la carencia de ciertos alimentos o de ejercicio. Sin embargo, el médico podía utilizar el principio de los *contrarios* o el de los *semejantes* y lo decidía tras una prudente reflexión y análisis del caso, incluso algunas enfermedades, requerían de lo más opuesto; también era importante el momento adecuado para aplicar el tratamiento, ya que si se pasaba la oportunidad, siempre fugaz, la cura se haría más complicada y a veces hasta imposible. En la actualidad la deficitaria calidad de los servicios de salud pública y los altos costos de la medicina privada, dejan fuera la posibilidad de una visita rutinaria al médico a una gran parte de la población, lo que se traduce en términos hipocráticos a permitir el avance de enfermedades totalmente curables si se tratasen a tiempo.

La medicina hipocrática ejercida en la Escuela de Cos era principalmente profiláctica; es decir, los médicos trataban de evitar la enfermedad a sus pacientes, diseñando dietas particulares y tratando de adelantar el diagnóstico de la enfermedad; el médico se enfocaba más en prevenir que en curar. La dieta recomendada era más que un régimen alimenticio, implicaba una forma de vida tomando en cuenta los aspectos emocionales, económicos, etc. del paciente para mantenerlo fuerte y sano de cuerpo, de mente y de alma, utilizando para ello las actividades diarias del individuo; p. ej. el

23

médico sugería cortar más leña o caminar más lejos para adquirir tal o cual producto o servicio, a fin de que el paciente incrementara su actividad física o cambiara de aires y aguas (Viveros, 2007). A diferencia de lo que actualmente se considera una dieta, que no es otra cosa que un régimen alimenticio estandarizado y altamente restrictivo sugerido por los nutriólogos, ya que sólo utilizan las listas de alimentos europeos o de Estados Unidos, dado que desconocen los valores nutricionales de la amplia gama de frutas, verduras, cereales y semillas mexicanas y donde pocas veces se toma en cuenta el entorno del paciente, sobre todo en el ámbito emocional y ni que decir del económico o incluso de lo relacionado con la cantidad, calidad y combinación óptima de alimentos.

Es paradójico que disponiendo de tecnología para regular el ambiente, a más de dos milenios de los planteamientos hipocráticos, sin embargo en el mundo y particularmente en países en desarrollo como el nuestro, aún predomina la medicina curativa sobre la profiláctica, con su respectivo costo emocional, social y económico, sobre todo ahora que México ocupa el primer lugar en obesidad infantil. La campaña contra este mal debe incluir leyes que eventualmente se ejerzan se y prohíba la venta de productos altamente calóricos, con una baja o nula calidad alimenticia, los cuales están elaborados con las peligrosas grasas trans, entre los que se encuentra gran parte de la denominada comida chatarra; así como desarrollar programas estructurados dentro de los ambientes de trabajo que incluyan programas reales de actividad física y con una alimentación sana, la cual por cierto rara vez se cumple en los comedores de escuelas y empresas y ni que decir de centros de diversión como cines o ferias.

Asimismo la falta de efectividad de los planes poco creativos, frecuentemente importados, que la gran mayoría de los nutriólogos, desvinculados de una observación médica, prescriben a sus pacientes y que al surgir en otros países, conllevan a un éxito mínimo, debido a que los pacientes simplemente las suspenden porque muchos de los alimentos señalados en el plan nutricional, ni siquiera se encuentran disponibles en territorio nacional; resultando paradójico que si México cuenta con una diversidad inagotable de frutas, verduras y semillas que combinados adecuadamente resultarían perfectos para fomentar una nutrición sana y no requeriríamos de importar planes y programas estructurados para otros países, en los cuales la variedad de alimentos es distinta al nuestro. Si a esto aunamos que la dieta mexicana es rica en carbohidratos, se evidencia un desbalance con las proteínas y las grasas. Paralelamente en los planes de estudio de las escuelas a todos los niveles se deben educar más allá de tablas calóricas y nutricionales; en otras palabras, ser creativos; claro si se busca resolver el problema. Lo anterior resultaría en una disminución importante de enfermedades pues la salud nutricional brindaría, al menos, una mejora en los requerimientos alimenticios se refiere, de acuerdo a lo señalado por Hipócrates.

El precepto hipocrático del paciente integral incluye que las veleidades meteorológicas y climáticas pueden propiciar estrés, la cual deprime el sistema inmunológico y detona ciertas enfermedades. Hoy el sistema médico social se limita a curar aparentemente, por no decir a prescribir un medicamento, sin considerar los entornos y eventualmente termina por aumentar la morbilidad de la población. Dichos preceptos en la actualidad implicarían planes para tener el confort óptimo, al vivir cerca de donde se trabaja, para evitar la enorme pérdida de tiempo en el transporte, con el consecuente estrés y gasto; así como la rehabilitación ecológica de reforestar las ciudades y la planeación hidráulica adecuada para recolectar agua de lluvia para la recarga de los mantos freáticos y no su pérdida a través de los colosales sistemas de drenaje profundo en los que se invierten ingentes cantidades de dinero; y, desde luego el punto principal, educar a su población. En verdad todo esto es costoso; pero ¿no es más costosa la cura de tantas enfermedades que con educación podrían evitarse? Mientras tanto los principios hipocráticos serán letra muerta.

VII. Enfermedades Meteotrópicas Descritas por Hipócrates

Entre las enfermedades y trastornos descritos por Hipócrates en los que existe un fuerte vínculo con los aspectos climáticos y donde la estacionalidad marca diferencias en la lluvia, temperatura y viento, cuyo papel, hoy se sabe funciona como un vehículo para el desarrollo y crecimiento de diversos patógenos causantes de múltiples enfermedades meteotrópicas, entre las que se encuentran todas aquellas cuyos agentes infecciosos presentan curvas de crecimiento bajo condiciones ambientales específicas, las cuales se registran a lo largo de las diferentes estaciones climáticas presentes en el año. Entre ellas se encuentran las de carácter epidémico como dengue, gripe, malaria, viruela y sarampión; además de enfermedades gastrointestinales y respiratorias, provocadas por bacterias y protozoarios, entre otras más y que son detonadas marcadamente durante las estaciones de verano o invierno respectivamente.

Por otro lado, los cambios abruptos en la presión atmosférica y los descensos térmicos invernales, aunados a la reducción en las horas de luz durante los cortos días de invierno, ocasiona enfermedades como la depresión, descrita por Hipócrates como melancolía *...es un trastorno afectivo que provoca pérdida de vitalidad general, interés y energía que hace sufrir tanto al enfermo como a su familia; sin embargo, si el caso no es grave al llegar la primavera con aumento de la temperatura y el balance entre las horas de luz y oscuridad, el paciente mejora.* Hoy en día los padecimientos de depresión profunda se agudizan con la depresión fisiológica, derivada en buena

27

medida de las pésimas condiciones en la calidad de vida, alimentación y estrés a la que está sometida la población de escasos recursos y ni que decir de la condiciones de baja o nula calidad del entorno de escuelas y centros de trabajo, donde la luz artificial y la ausencia de ventilación desencadenan una pésima calidad en los diseños arquitectónicos en los que es totalmente inexistente la utilización de los preceptos señalados en los diseños bioclimáticos, cánones con los que se obtiene un altísimo confort, mismo que se traduce en una reducción del estrés y con ello una mejora sustantiva en la salud de los individuos (Olgyay, 2004).

Uno de los casos más interesantes que debe considerarse en el trazo de las ciudades es el ahora conocido como efecto Foehn o tramontana, también denominado de sombra orográfica, donde los vientos cálidos y húmedos ascienden para remontar una cordillera y eventualmente descienden secos y cálidos, ocasionando alteraciones severas en los patrones de conducta de pacientes desequilibrados emocionalmente y provocan agresividad extrema, ambas alteraciones de la salud mental de algunos individuos (Sánchez-Santillán y Sánchez-Trejo, 2012) y como lo narra acertadamente García Márquez (1998) en su obra Tramontana (extracto de Doce Cuento Peregrinos).

La manía clínica, enfermedad descrita por Hipócrates como el padecimiento en el que el paciente se encuentra callado, sin el menor disturbio, apenado, angustiado; tiene un desequilibrio en los humores y sus cualidades, se encuentra fuera de su mente; se presenta con mayor frecuencia en la primavera y el otoño en países tropicales, mientras que en países de altas latitudes ocurre mayoritariamente en invierno (Ramos, 1999).

Asimismo la enfermedad de los escintios, actualmente denominada como neurastenia y más recientemente como síndrome de fatiga crónica, ha cobrado cada vez más vigencia entre la población de las grandes urbes, en dicho padecimiento los pacientes presentan depresión severa y múltiples dolores diversos asociados, según algunos especialistas, a infecciones o depresiones del sistema inmunológico (Florenzano, 1997). Enfermedad que podría eliminarse de manera importante con la disminución del estrés y la mejora de las condiciones de vivienda (en las se incluyen las áreas de trabajo dado que en ellas pasa una parte importante del día), además claro de una alimentación adecuada para el individuo.

Es desalentador que dichas enfermedades fueron descritas hace más de dos mil años, así como las propuestas para su cura, y lejos de alcanzarla, las condiciones actuales de México la propician.

VIII. Higiene: Un Concepto Hipocrático

El término higiene proviene del griego Hygieie y fue retomado por la medicina hipocrática, secularizándolo y otorgándole el sentido de un conjunto de normas a seguir para mantener la salud y prevenir las enfermedades (Rosen, 1993). La denominada higiene hipocrática si bien fue y sigue siendo útil en el control social de diversas enfermedades; el primer paso de su aplicación sirve para evitar la propagación de los miasmas (emanación maloliente que se desprende de los enfermos), y prevenir con ello la extensión de las epidemias, lo que lo convierte en la pauta para la organización de una higiene pública y social. Sin embargo dicho precepto no ha sido resulto en nuestro país, convirtiendo los nosocomios en verdaderos focos de infección ya que además, de uno de los aspectos ni siquiera considerado, está vinculado con el tránsito del viento que viaja a través de los ductos de servicios (oxígeno, agua, gas, luz, etc.) presentes en éstos, en los cuales se almacenan y cohabitan virus y bacterias como la que produce la neumonía hospitalaria.

En Europa, con excepción de la denominada *Peste de Justiniano*, denominada así por el emperador bizantino que reinaba en el Imperio Romano durante el siglo VI d.C. cuando estalló la primer gran pandemia de peste bubónica, que se prolongó desde finales del siglo VIII y hasta finales del siglo XII, las enfermedades epidémicas mantuvieron un equilibrio estable (Gottfried, 1993). En aquella epidemia, las ciudades

30

víctimas de la peste se convirtieron en verdaderas trampas humanas condenadas literalmente al horror; razón por la cual se comenzaron a formular reglamentos prohibitivos para regular la vida social y con ello disminuir el riesgo de muerte y contagio. Las decisiones de alcaldes, concejales y prebostes de los mercaderes, implicaron una higiene social que paulatinamente prohibió la asistencia y congregación de personas en lugares cerrados como los baños públicos, así como aquéllos donde se entablara comunicación entre las personas, tales como templos, escuelas y mercados; esto evitó la exposición de cuerpos tanto al aire infectado como a otros cuerpos enfermos. En la época de esa epidemia, el uso en los baños públicos de agua caliente y vapor de agua, se suponía abría los poros de la piel, permitiendo que los miasmas penetraran más fácilmente al cuerpo después del baño, de manera que los balnearios se convirtieron en focos de contagio y cambiaron los hábitos higiénicos de los pobladores de diversas ciudades antiguas; fue entonces que las personas adquirieron la costumbre de aplicarse cremas y aceite en el cuerpo en vez de bañarse, con la finalidad de tapar los poros, lo que luego atrajo otros problemas sanitarios por la falta de higiene personal. Igualmente, cambió la forma de vestir, pues las personas decidieron usar ropas de seda y satín con la idea de que su textura lisa impedía que los miasmas se adhirieran a ellas, sin percatarse que en realidad era la ausencia de limpieza en las prendas lo que constituía uno de los problemas. De manera que la teoría miasmática de la época modificó la higiene y el vestido, sin embargo lo que hoy sabemos es que no se evitó la propagación de la mencionada epidemia (Ashburn, 1981).

31

Así pues, la higiene privada, como responsabilidad de las personas para garantizar su salud individual, nació en la Grecia Clásica, fundamentada en la teoría humoral hipocrática, para transformarse durante la Edad Media con la influencia de la teoría miasmática lo que hoy llamamos salud pública. En México, no sólo en las áreas rurales sino también en los denominados cinturones de miseria, establecidos alrededor de las grandes urbes la higiene individual resulta un lujo para los habitantes carentes, prácticamente de todo.

IX. Hipócrates: Un Determinista Ambiental

Los planteamientos y acciones de Hipócrates sentaron las bases para valorar la influencia del ambiente sobre la vida y la salud de los seres vivos, particularmente los humanos, sin embargo, su aplicación se ha hecho alrededor de un reducido determinismo ambiental, es decir: una causa conlleva un efecto; sin embargo nada hay más lejos de la medicina hipocrática. Hoy se sabe que el clima determina las características biológicas de un país, una región o un ecosistema, así como su evolución; García (2005) señala que la sociedad ha vuelto los ojos a estas relaciones por la conciencia que actualmente se tiene de las modificaciones antrópicas sobre el clima y el paisaje, pero aún falta lo central, es decir su aplicación masiva.

Hipócrates planteaba el determinismo explícitamente, afirmando que si conocemos las características ambientales y geográficas de un lugar podemos conocer y predecir estado de salud-enfermedad de una región y su población, así como sus comportamientos sociales (García, 2005). El vínculo e influencia del clima sobre las enfermedades fisiológicas y anímicas de los humanos tuvo una connotación basada no en determinismo estricto, sino bajo una relación de procesos vinculados entre sí. El término y concepto del determinismo, si bien fue acuñado hasta el siglo XVII, con su admisión en Europa hasta el siglo XIX fue aplicado desde los tiempos de Hipócrates. Esta idea del determinismo clásico reviste generalmente la forma del llamado principio de causalidad: en el mundo físico nada es fortuito, todo es previsible; todo

33

fenómeno tiene una causa que le precede necesariamente, de manera que conociendo la causa se conoce igualmente el efecto.

En los tiempos de Hipócrates el determinismo implicaba fatalidad, las divinidades establecían *a priori* el desarrollo de la vida bajo una ley ineludible, que encadenaba no sólo el mundo corpóreo sino al hombre mismo; era lo que hoy llamaríamos predestinación divina. Eventualmente este determinismo divino cedió su paso a la concepción que impone la naciente ciencia jónica, donde son las leyes de la naturaleza y no las divinas las que explican la naturaleza. Con el devenir del tiempo y alrededor de 16 siglos después, surgen los partidarios del indeterminismo encabezados en 1347 por Nicolas Austrocourt, quien sienta las bases para admitir que el principio de la causalidad, en sí mismo no es malo, sino que la mente humana es quien no puede comprenderlo todo y sólo ve las relaciones causales una a una. Posteriormente y tras la contribución al tema del indeterminismo del siglo XX, la corriente se fortaleció gracias a las contribuciones de físicos como W. Heisenberg, con el principio de incertidumbre, hasta llegar al filósofo Popper quien contribuyó notablemente al desarrollo del conocimiento científico.

De esta manera, el encadenamiento de los sucesos ya sea a una condición divina o terrenal, pasa a un segundo plano y se incorporan a la comprensión de la naturaleza los sucesos derivados al azar; dado que la predicción exacta, aún para las ecuaciones estrictamente deterministas no existe (Gay *et al.*, 2008; p: 25), la imposibilidad de la predicción entra en juego, coexistiendo el orden y el desorden como engranes para explicar los procesos de la ecología en una escala inicial y de evolución, en una progresión aún mayor; a la que se incorporan la invariancia genética de los actores que participan en la dualidad parásito-huésped, siendo este último el paciente, quien va transitando sucesivamente entre el caos de la enfermedad y la estabilidad de la salud, en diversas escalas de tiempo y espacio entrelazadas con el microcosmos la relación individual (paciente-patógeno), y el macrocosmos (procesos de evolución colectiva entre ambos), bajo las leyes de la naturaleza.

X. A MANERA DE EPÍLOGO

Tras haber efectuado este viaje al pasado de las raíces de la filosofía de occidente, utilizando como vehículo los preceptos de Hipócrates, no queda más que reflexionar lo lejos que estamos de alcanzar la salud a través de una armonía entre el macrocosmos, el microcosmos, dentro un entorno que engloba al universo mismo. Y aunque no se regrese a una concepción determinista de causa-efecto, el médico debe conocer: 1) los efectos de las estaciones sobre el hombre y en especial las fluctuaciones climáticas y ciclos estacionales, porque con ellos van aparejados los florecimientos de sus patógenos; 2) los efectos del viento propios de cada región (fríos y cálidos) que ocurren cíclicamente y detonan diversos procesos metabólicos, tanto en individuos sanos como enfermos; 3) las características, propiedades y disponibilidad de las aguas en virtud tanto de su higiene como de la posibilidad de su consumo; 4) la disposición y orientación de las construcciones respecto al viento y la trayectoria del sol, ya que de ellos dependerán las condiciones del confort de su casa y su trabajo, que rigen en buena medida su rendimiento y eventualmente su calidad de vida y salud; 5) las características geográficas del lugar, por las cuales se puede comprender la variabilidad climática que contribuyen a la calidad del aire, suelo y agua; finalmente 6) el modo de vida de sus habitantes y sus costumbres, que en conjunto podrán servir para entender el entorno de los pacientes.

Tal y como señala acertadamente García (2005), no cabe duda que el clima y el ambiente, así como los cambios que éstos experimenten de manera natural o por efectos de las acciones humanas, explican las características de los pueblos, que inciden en la sucesión de imperios, así como la fuerza y salud de sus habitantes a lo largo de la historia, los cuales transitan por dureza-comodidad y escasez-abundancia. De manera que el determinismo (relación causa-efecto) no es absoluto, admite modificaciones en sus procesos, altamente interconectados y anidados entre sí en diversas escalas de tiempo y espacio (Sánchez-Santillán *et al.*, 2008), en los que el microcosmos y el macrocosmos interactúan a través del azar dando lugar a etapas de estabilidad intercalados con breves lapsos caóticos en los que la enfermedad hace su aparición detonada por algunos elementos climáticos (Sánchez-Santillán y Garduño-López, 2007).

XI. REFERENCIAS

Ashburn, P.M. 1981. *Las huestes de la muerte. Una historia médica de la conquista de América.* Colección Salud y Seguridad Social, Serie Historia, Instituto Mexicano de Seguridad Social, México, 300 p.

Balbis, M. 2012. Hipócrates al servicio de la vida. *Revista Electrónica de Portales Médicos,* VII(3): 90.

Calvo Soriano, G. 2003. La medicina en el antiguo Egipto. *Paediátrica,* 5(1): 44-50.

Delgado López, E. 2008. Los aires, aguas y lugares en las Antigüedades de la Nueva España. *Fronteras de la Historia,* 13(2): 241-258.

Eiroa, J.J. 1996. La Prehistoria: La Edad de los Metales. *In:* Akal (Ediciones), *Historia de la Ciencia y de la Técnica.* Vol. 1, Universidad Complutense de Madrid, España, 57 p.

Florenzano, R. 1997. La neurastenia y el síndrome de fatiga crónica: auge, caída y renacimiento de un concepto mórbido. *Revista Chilena Neuro-Psiquiatría,* 35(2): 175-185.

García González, J.A. 2005. El determinismo ambiental en dos autores clásicos: Hipócrates y Heródoto. *Baetica. Estudios de Arte, Geografía e Historia*, 27: 307-329.

García Márquez, G. 1998. *Doce cuentos peregrinos*. Plaza & Janes eds. S.A., Barcelona, España.

Gay, C., Garduño-López, M.R. y Ritter-Ortiz, W. 2008. Como anticipar problemas de tipo bioclimático o las dificultades del pronóstico. *Ciencias*, 90: 20-32.

Gottfried, R.S. 1993. *La muerte negra. Desastres naturales y humanos en la Europa Medieval*. Edit. Fondo de Cultura Económica, México, 337 p.

Hipócrates 2000. *Tratados hipocráticos: Sobre los Aires, Aguas y Lugares*. Edit. Gredos, Madrid, España.

Jáuregui, E. 1995. Algunas alteraciones de largo periodo del clima de la Ciudad de México debidas a la urbanización: Revisión y perspectivas. *Investigaciones Geográficas*, 31: 9-44.

Laín Entralgo, P. 1970. *La Medicina Hipocrática*. Alianza Universidad, Revista de Occidente, Madrid, España.

39

Martorell, R., Melgar, P., Maluccio, J.A., Stein, A.D. and Rivera, J.A. 2010. The nutrition intervention improved adult human capital and economic productivity. *The Journal of Nutrition*, 140: 411-414.

Olgyay, V. 2004. *Arquitectura y clima. Manual de diseño bioclimático para arquitectos y urbanistas*. Edit. Gustavo Gili, Barcelona, España, 203 p.

Quevedo, E. 2004. Cuando la higiene se volvió pública. *Revista de la Facultad de Medicina-Universidad Nacional de Colombia*, 52(1): 83-90.

Ramos de Viesca, Ma.B. 1999. La manía en el *corpus hippocraticum*. *Salud Mental*, 22(5): 34-36.

Rivera, J.A., Cuevas, L., González, T. y Shamah, T. 2012. *Evidencia para la política pública en salud*. Encuesta Nacional de Salud y Nutrición 2012, Instituto Nacional de Salud Pública, Secretaría de Salud.

Rosen, G.A. 1993. *A history of public health*. Johns Hopkins University Press, MD. Baltimore, pp. 168-209.

Sánchez Rosales, G. 1996. *La epidemia de cólera de 1850 en la Ciudad de México.* Tesis de Licenciatura en Historia, Facultad de Filosofía y Letras, UNAM, 194 p.

Sánchez-Santillán, N. 1999. Impactos económicos y ecológicos del fenómeno El Niño, *In*: Rodríguez, M.C. y Hernández, C. (Comp.), *Océanos: ¿Fuente inagotable de Recursos?* pp. 331-365, Memorias de la VII Reunión Anual del Programa Universitario de Medio Ambiente, UNAM y SEMARNAP.

Sánchez-Santillán, N. y de la Lanza-Espino, G. 2011. Ciclicidad termo-pluviométrica en una cuenca de Tamaulipas y otra de Oaxaca que drenan a lagunas costeras, *In*: De la Lanza-Espino, G. y Hernández Pulido, S. (Comp.), *Ambiente, biología, sociedad, manejo y legislación de sistemas costeros mexicanos.* pp. 123-140, Universidad Nicolaita de Hidalgo, INIRENA, WWF, Fundación Gonzalo Río Arronte, Plaza y Valdéz, México, 491 p.

Sánchez-Santillán, N. y de la Lanza-Espino, G. 2012. Efectos del clima en una cuenca represada. El caso del río Soto la Marina, México, *In*: Ramírez H., Navarro, J.M. y Barrios, H.A. (Coord.), *Dinámica ambiental de ecosistemas acuáticos costeros: Elementos y ejemplos prácticos de diagnóstico.* pp. 613-628, Instituto Politécnico Nacional, SEP, 679 p.

Sánchez-Santillán, N. y Garduño-López, M.R. 2007. El clima, la ecología y el caos desde la perspectiva de la teoría general de sistemas. *Ingeniería. Investigación y Tecnología*, VIII(3): 183-195.

Sánchez-Santillán, N., Garduño-López, M.R., Ritter-Ortiz, W. y Guzmán-Ruiz, S.A. 2008. Los límites del pronóstico Newtoniano y la búsqueda del orden en el caos. *Ingeniería. Investigación y Tecnología*, IX(2): 171-182.

Sánchez-Santillán, N. y Sánchez-Trejo, R. 2012. Los vientos de la locura: La salud mental alterada. *Hypatia*, 43: 18-19.

Viveros Maldonado, G. 2007. *Hipocratismo en México, siglos XVI al XVIII*. 2ª Edición, Instituto de Investigaciones Filológicas, Instituto de Investigaciones Históricas, UNAM, México, 141 p.